MAKE-UP DESIGN BOOK

| 메이크업 디자인 북 |

그레이스 강 지음

光文閣
www.kwangmoonkag.co.kr

메이크업 디자인 북

2013년 6월 10일 1판 1쇄 인 쇄
2013년 6월 15일 1판 1쇄 발 행

지 은 이 : 그레이스 강
펴 낸 이 : 박 정 태

펴 낸 곳 : **광 문 각**

413-756
경기도 파주시 문발동 파주출판문화도시 500-8
광문각 B/D 4층
등 록 : 1991. 5. 31 제12-484호
전 화(代) : 031-955-8787
팩 스 : 031-955-3730
E-mail : kwangmk7@hanmail.net
홈페이지 : www.kwangmoonkag.co.kr

ISBN : 978-89-7093-727-4 93590

값 : 22,000원

머/리/말

인간은 누구나 아름다움을 추구하는 욕망을 내재하고 있다. 인류 역사상 인간은 수많은 재료를 사용하여 아트 예술, 조형 예술에 이르기까지 갖가지 예술적 행위 표현을 하였다.

요즘 현대에 이르러 매스미디어 발달은 예술 영역의 폭을 더욱 넓혔다. 또한, 뷰티산업의 성장과 함께 뷰티아트 예술도 각광받고 있다. 뷰티 아티스트의 다양한 활동작품으로 인체예술에 이르기까지 다방면으로 예술적으로 승화되고 있고, 뷰티디자인도 또 하나의 예술적 가치 인정과 학문으로 거듭나며 전문교육기관과 대학의 교과 과정으로 자리 잡고 있다.

≪메이크업 디자인 북≫은 기초 선 연습, 다양한 눈썹 그리기, 기초 일러스트레이션 연습, 아이섀도 기법 연습, 페이스 앞면, 옆면, 판타지 아트를 위한 데콜테 부분, Body 아트를 위한 전신 Body 부분으로 구성했다. 좀 더 구체적인 표현 기법을 위한 색감 표현, 세부적인 문양 기법 등 메이크업을 공부하는 학생과 전문 아티스트들도 작품이 완성되기 전 디자인 작업을 위한 적합한 지침서가 되었으면 하는 것이 저자의 바람이다.

이 책이 나오기까지 아낌없이 도와주신 광문각출판사 박정태 사장님을 비롯하여 임직원 여러분께 진심으로 감사의 마음을 전한다.

C/O/N/T/E/N/T/S

1. 선 연습

2. 기본형

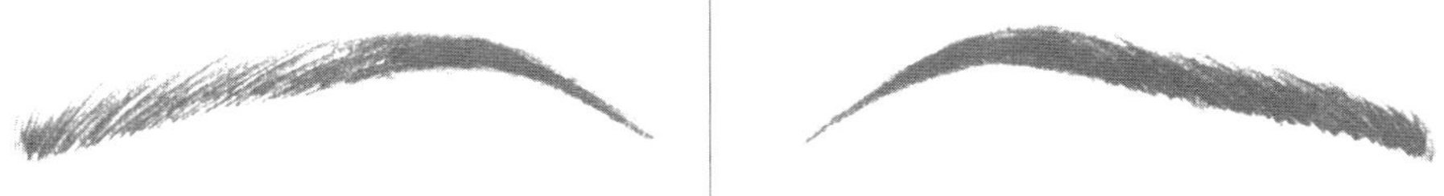

3. 일자형

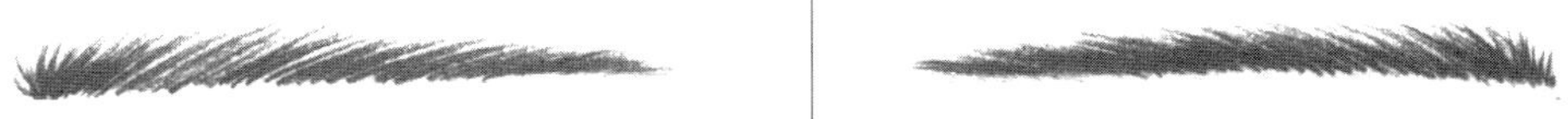

4. 아치형

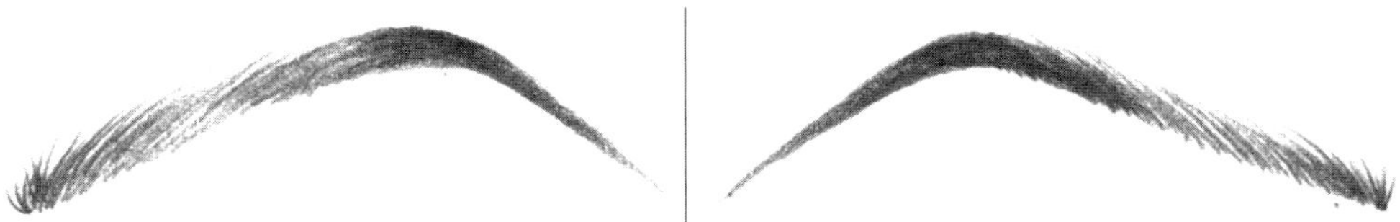

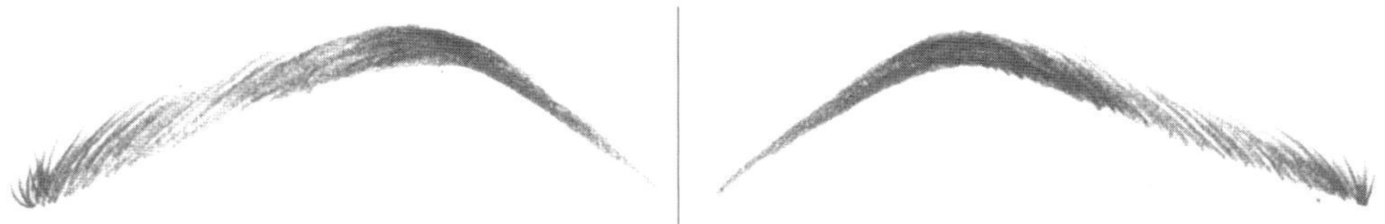

5. 상승형

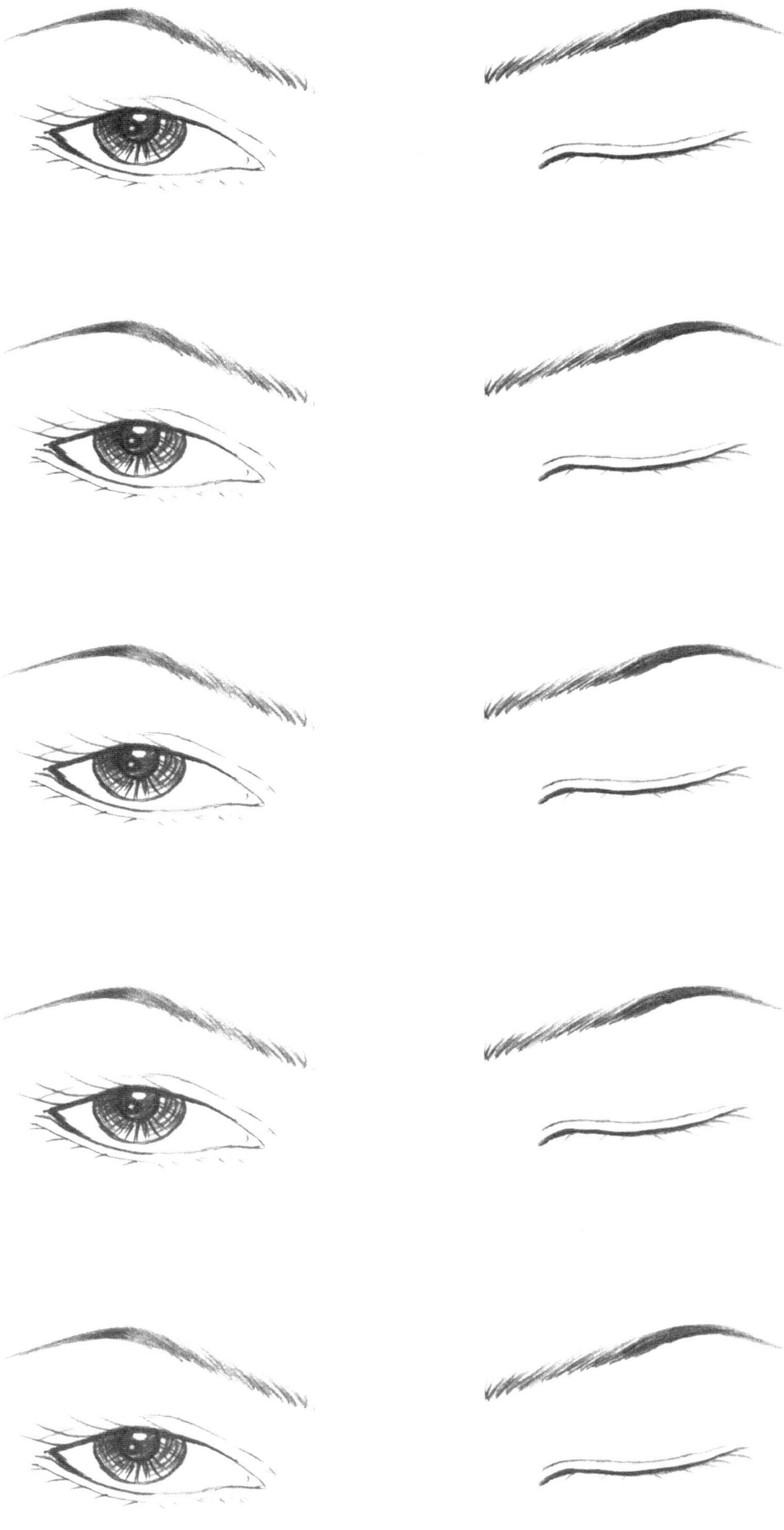

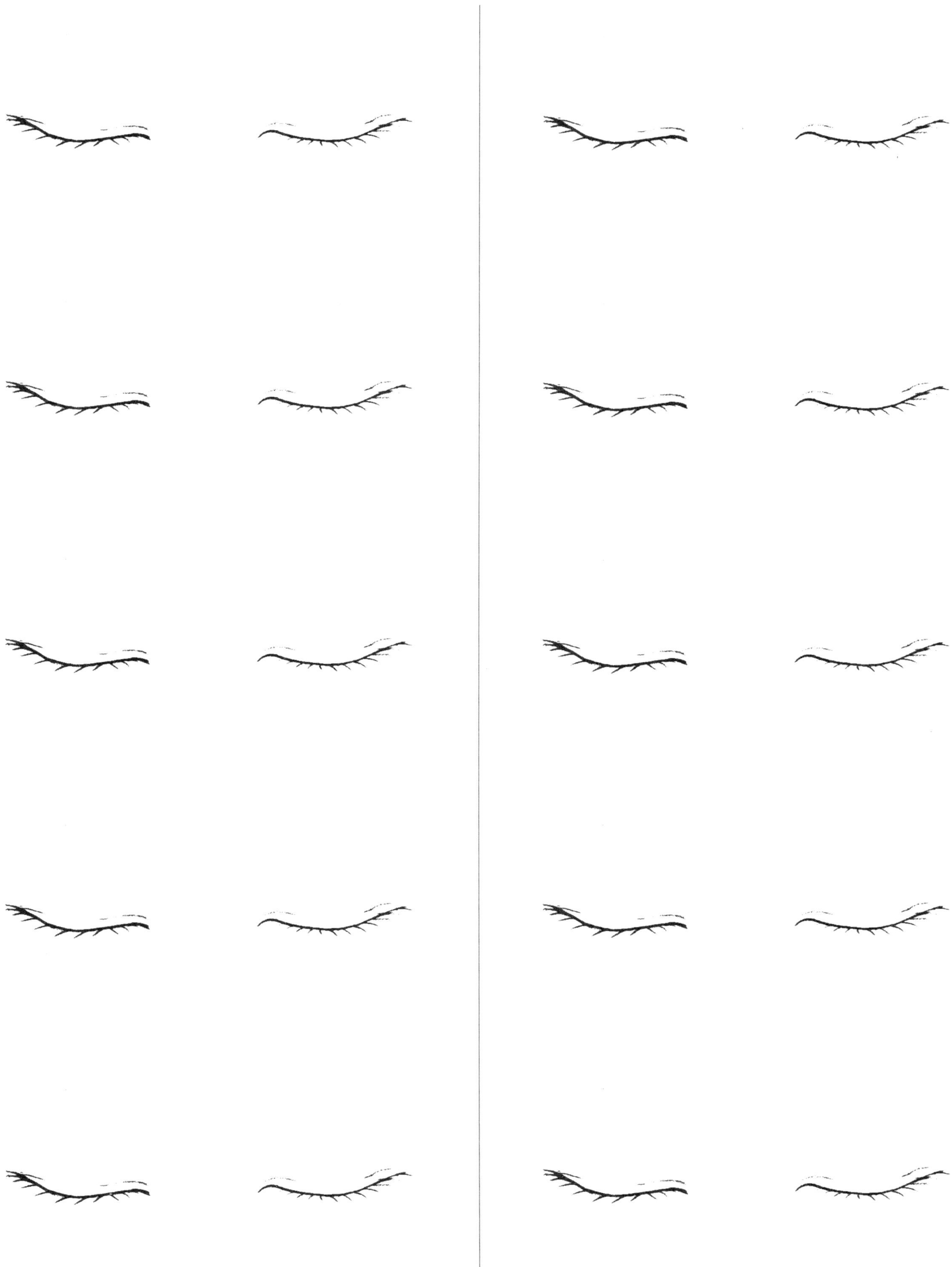

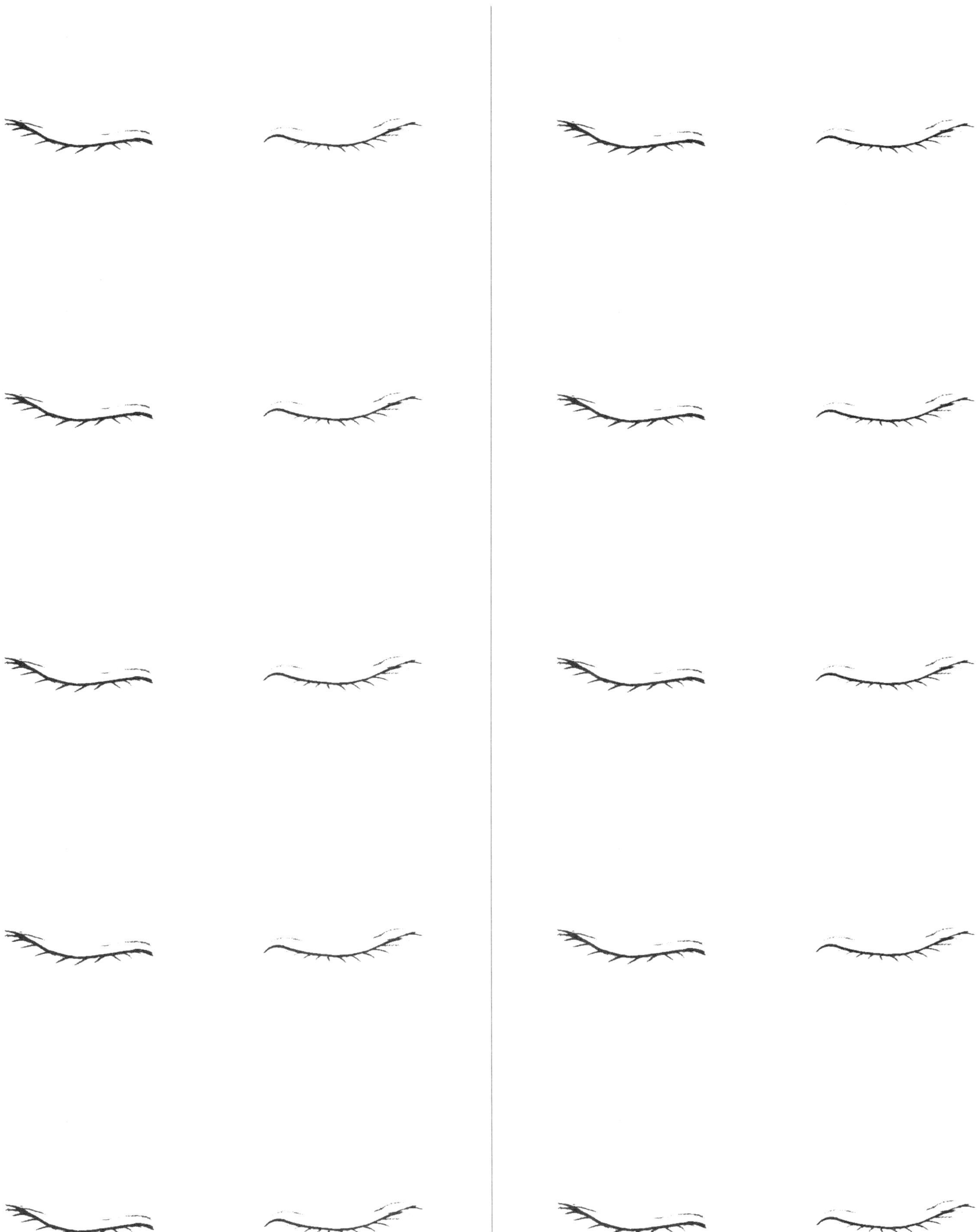

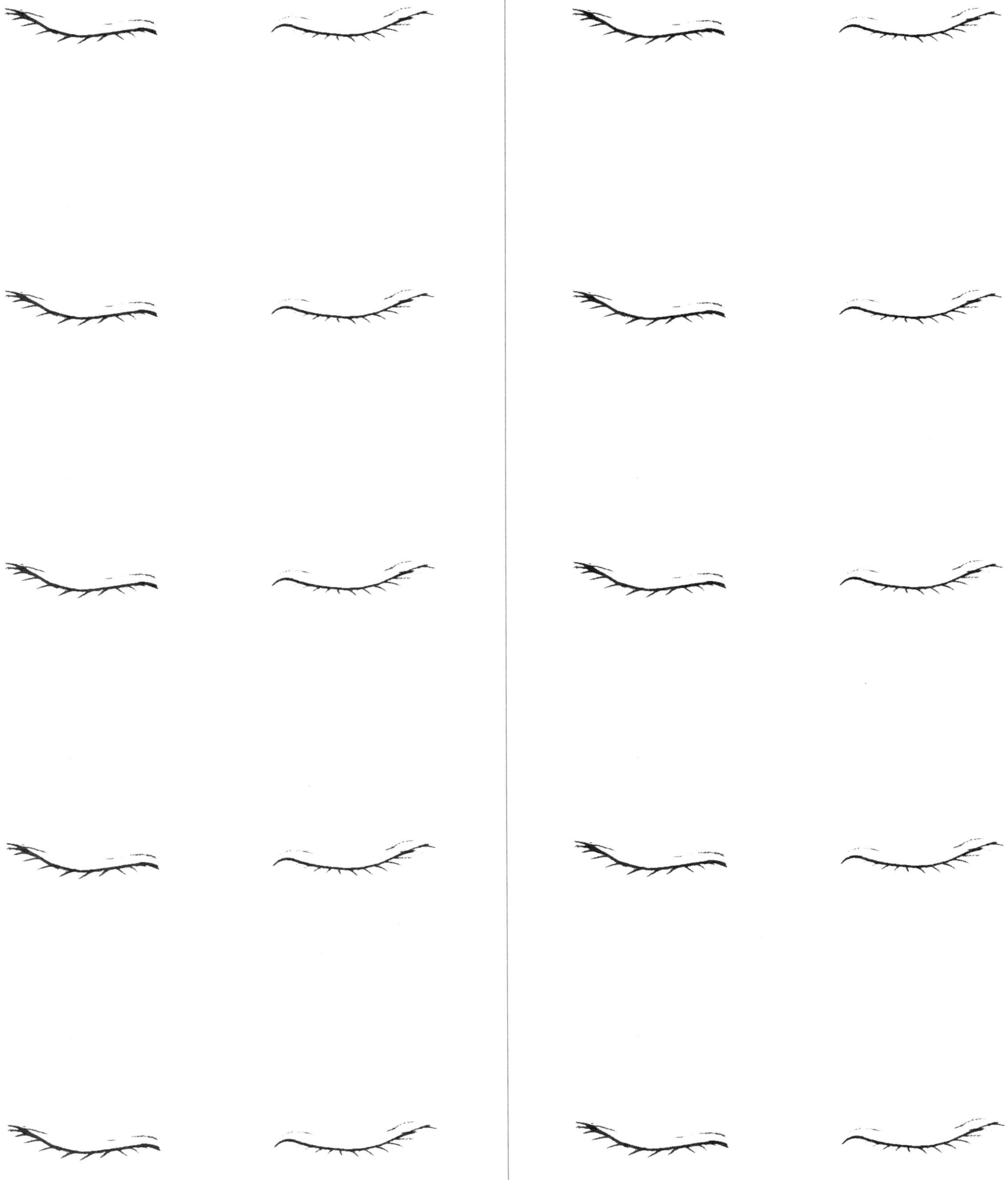

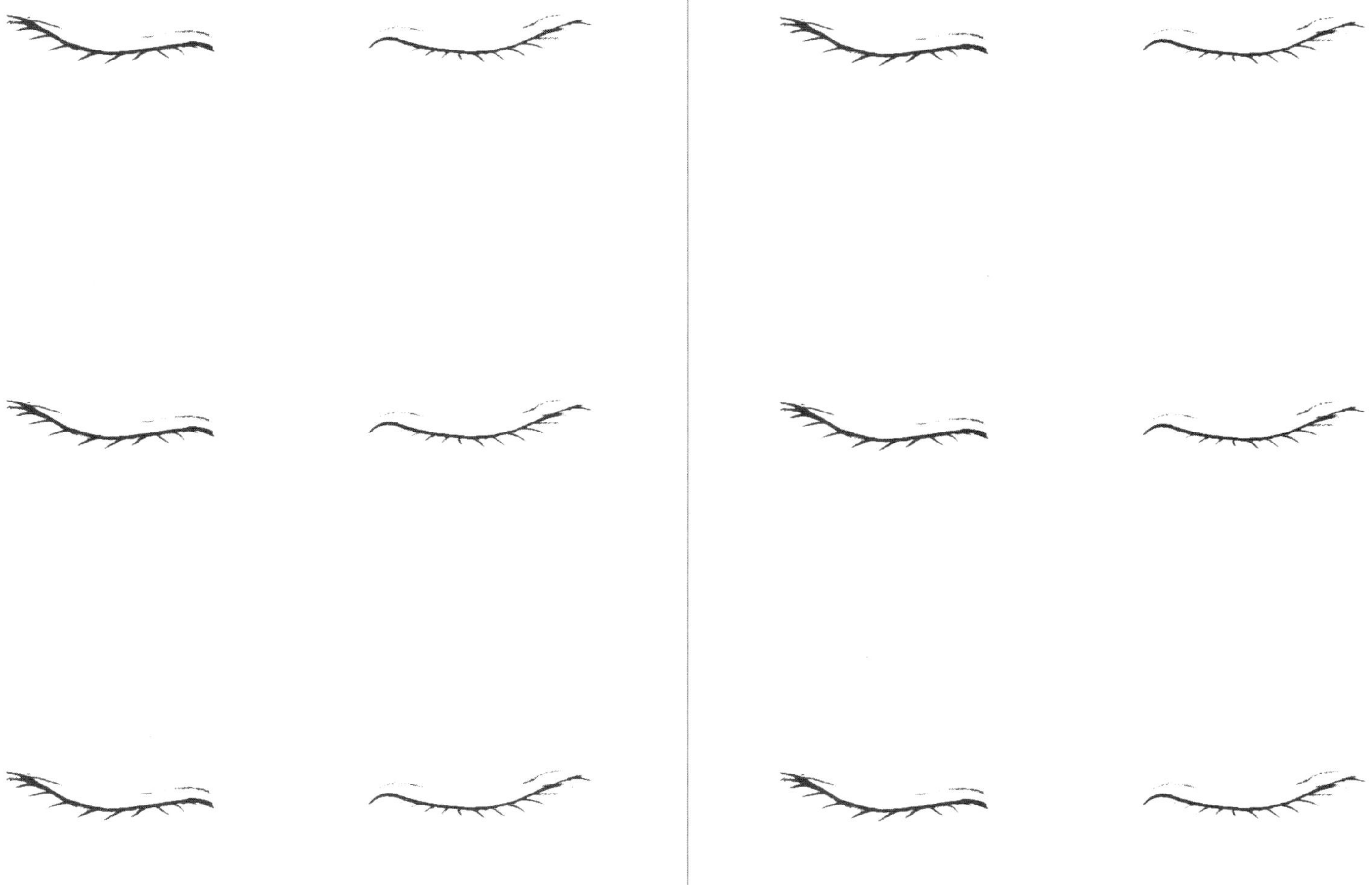

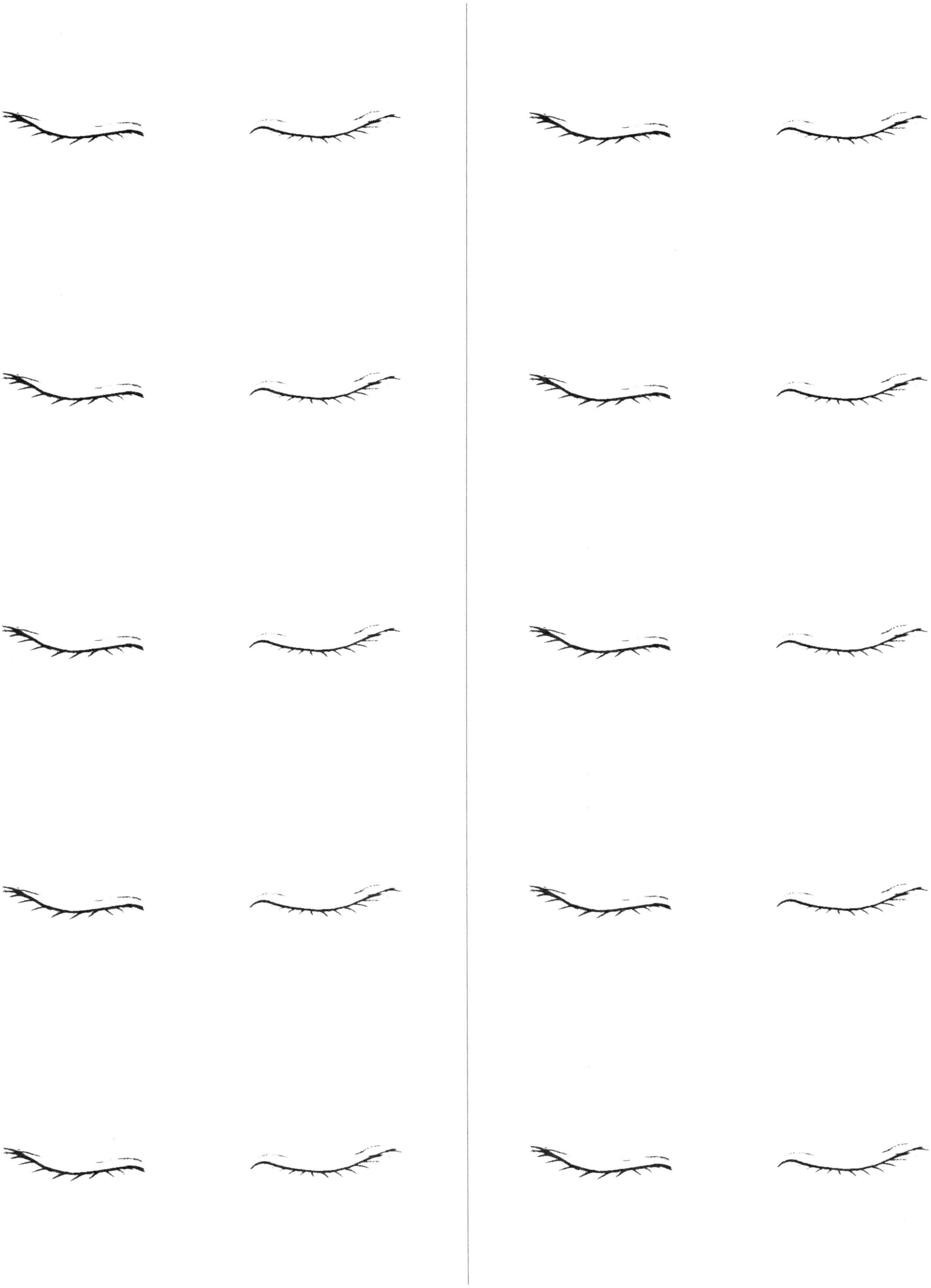

6. 부분별 따라하기

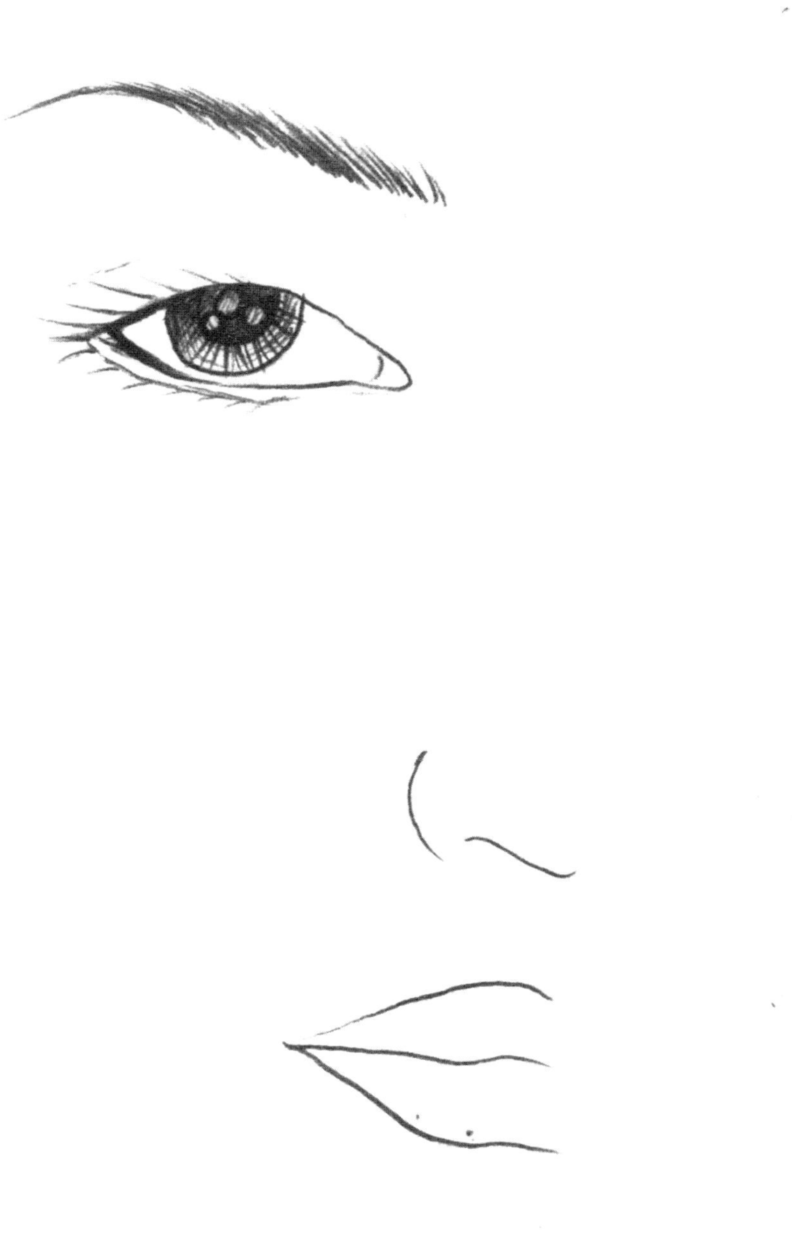

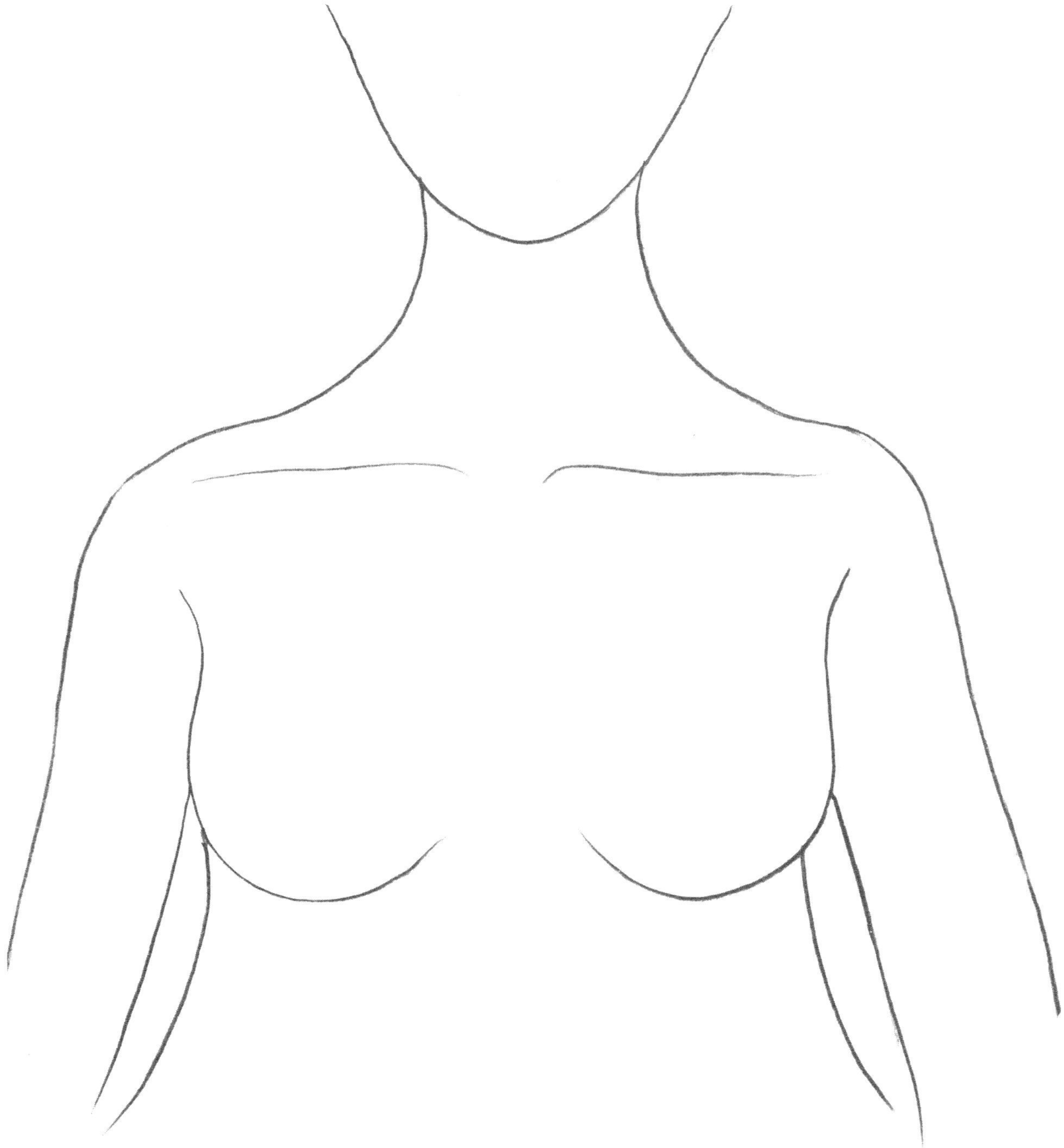

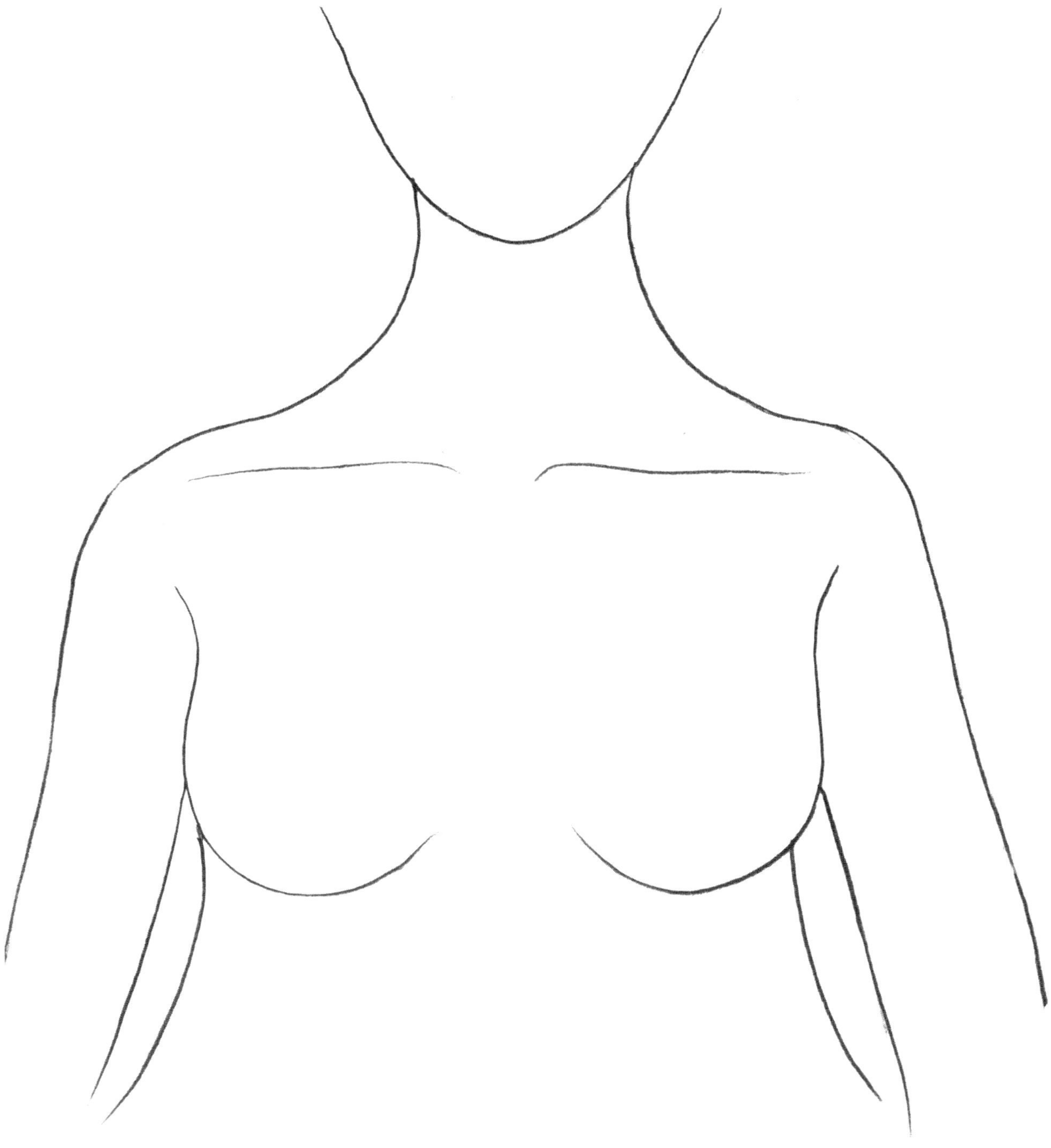

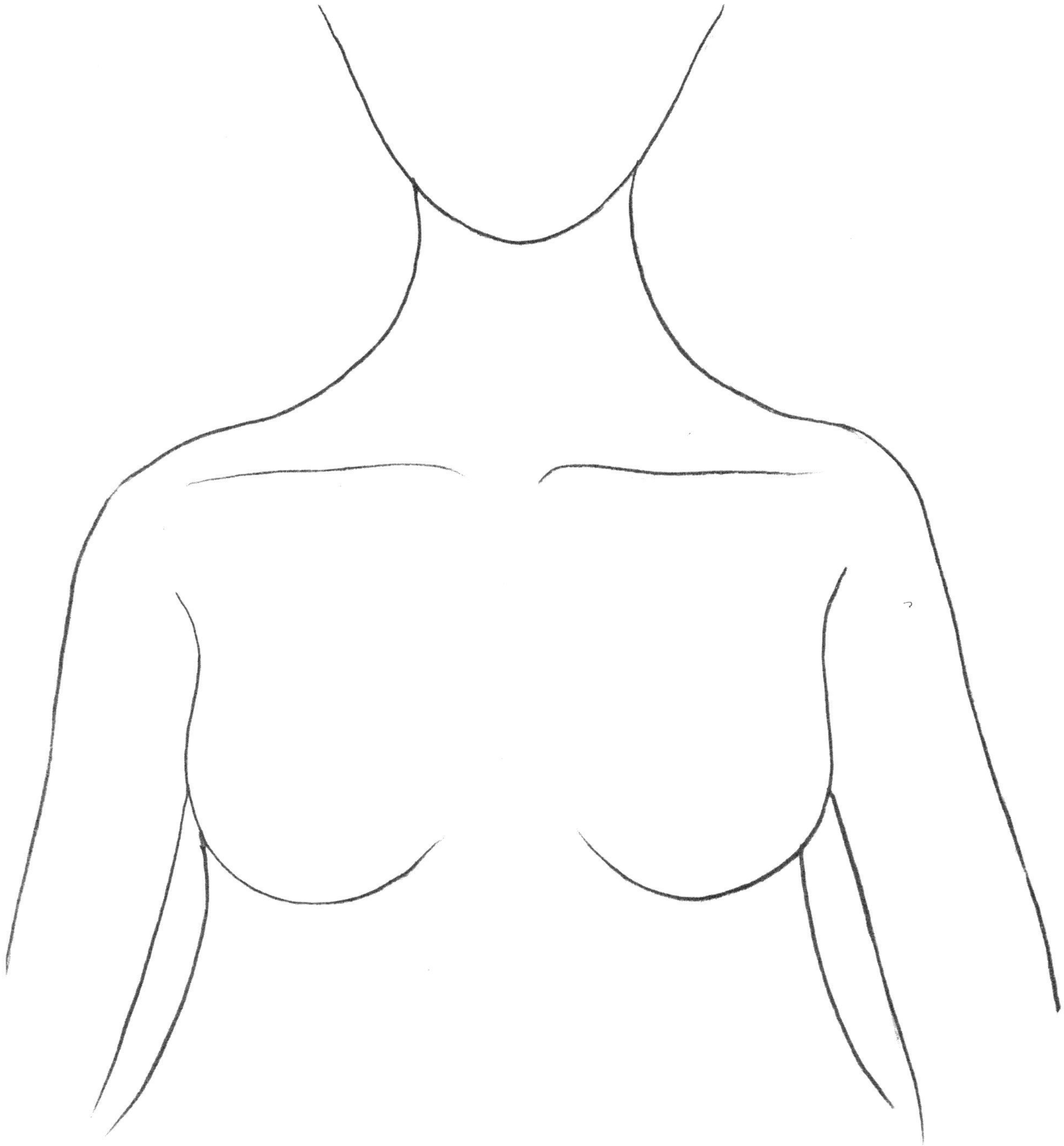

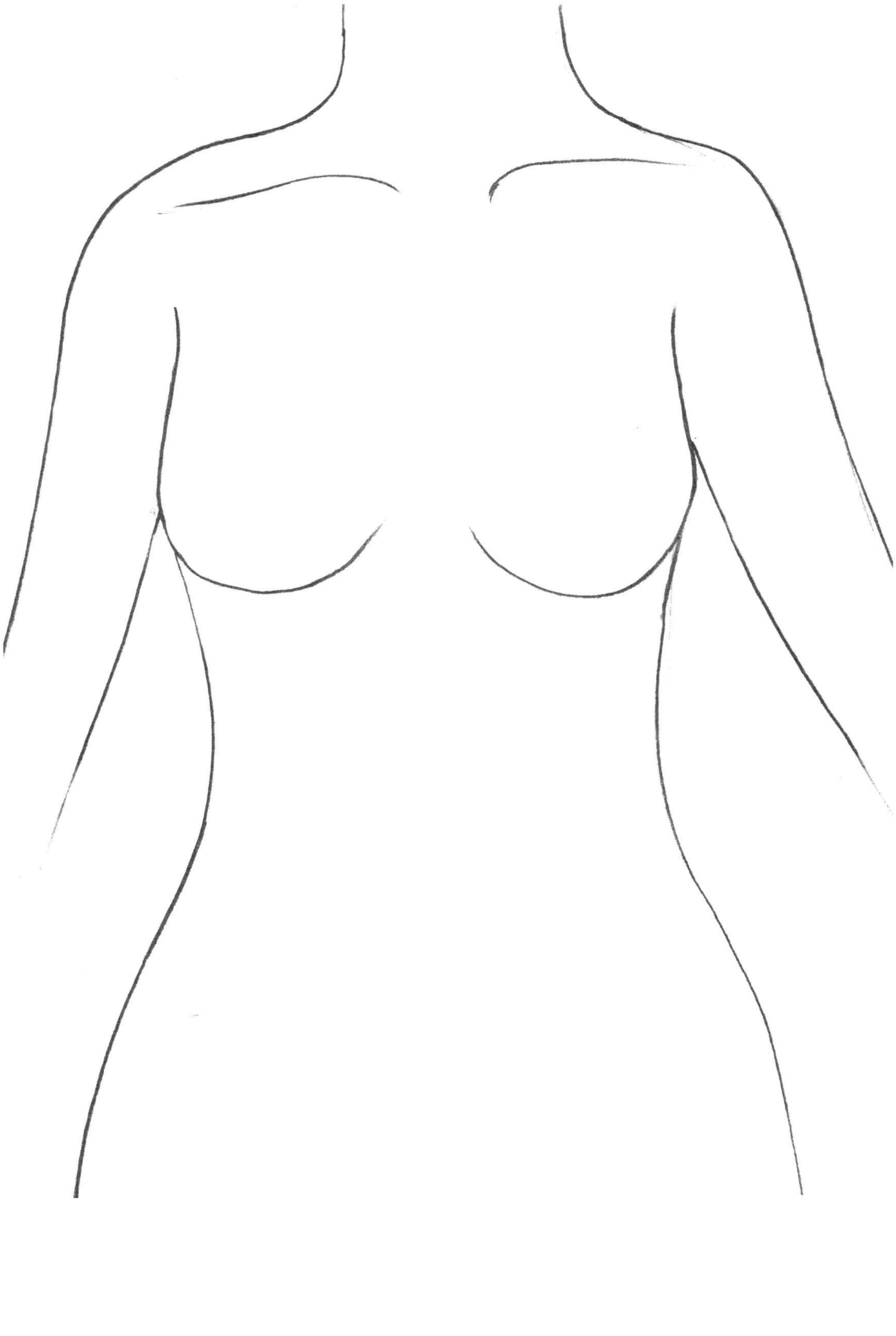

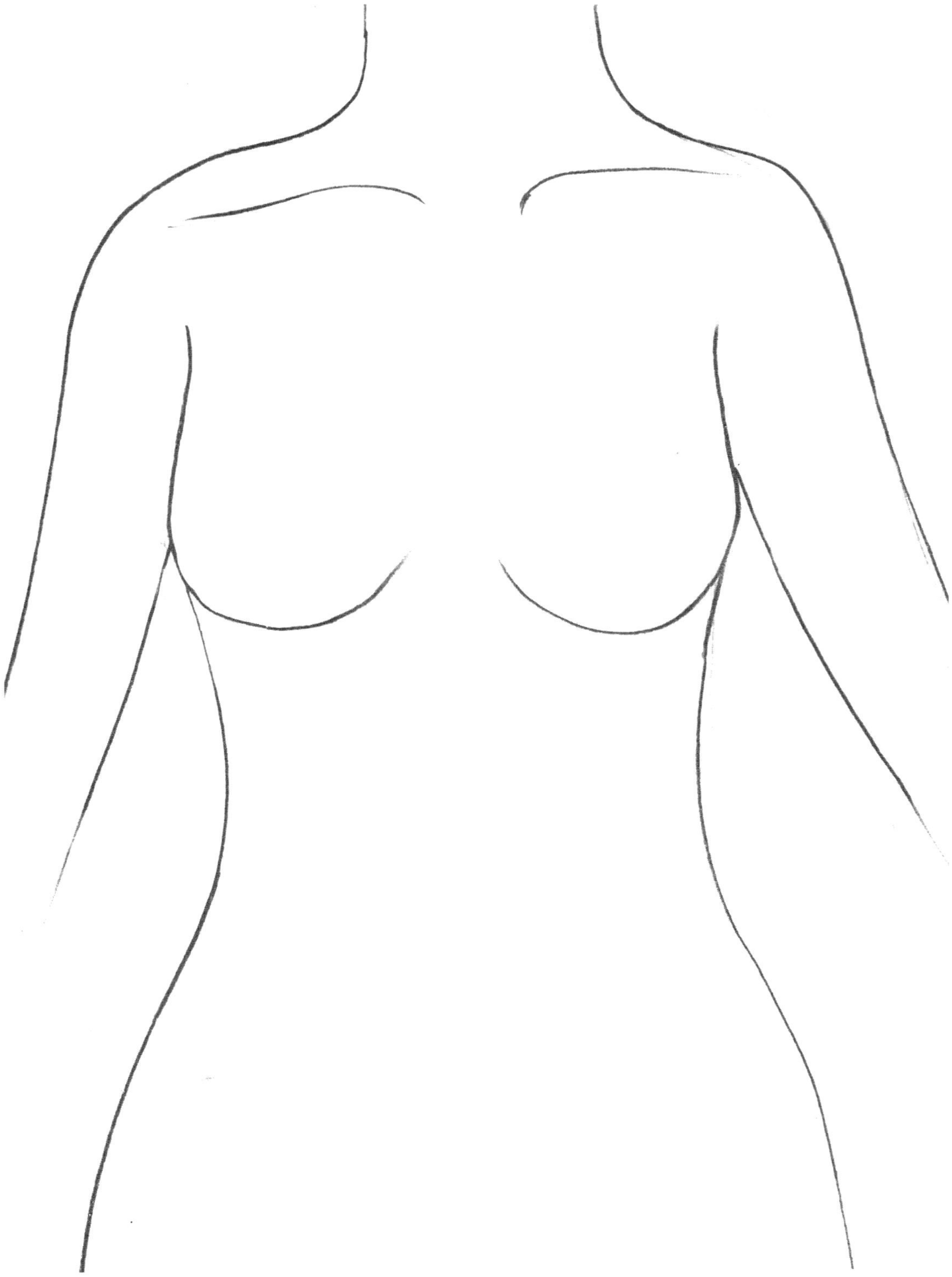

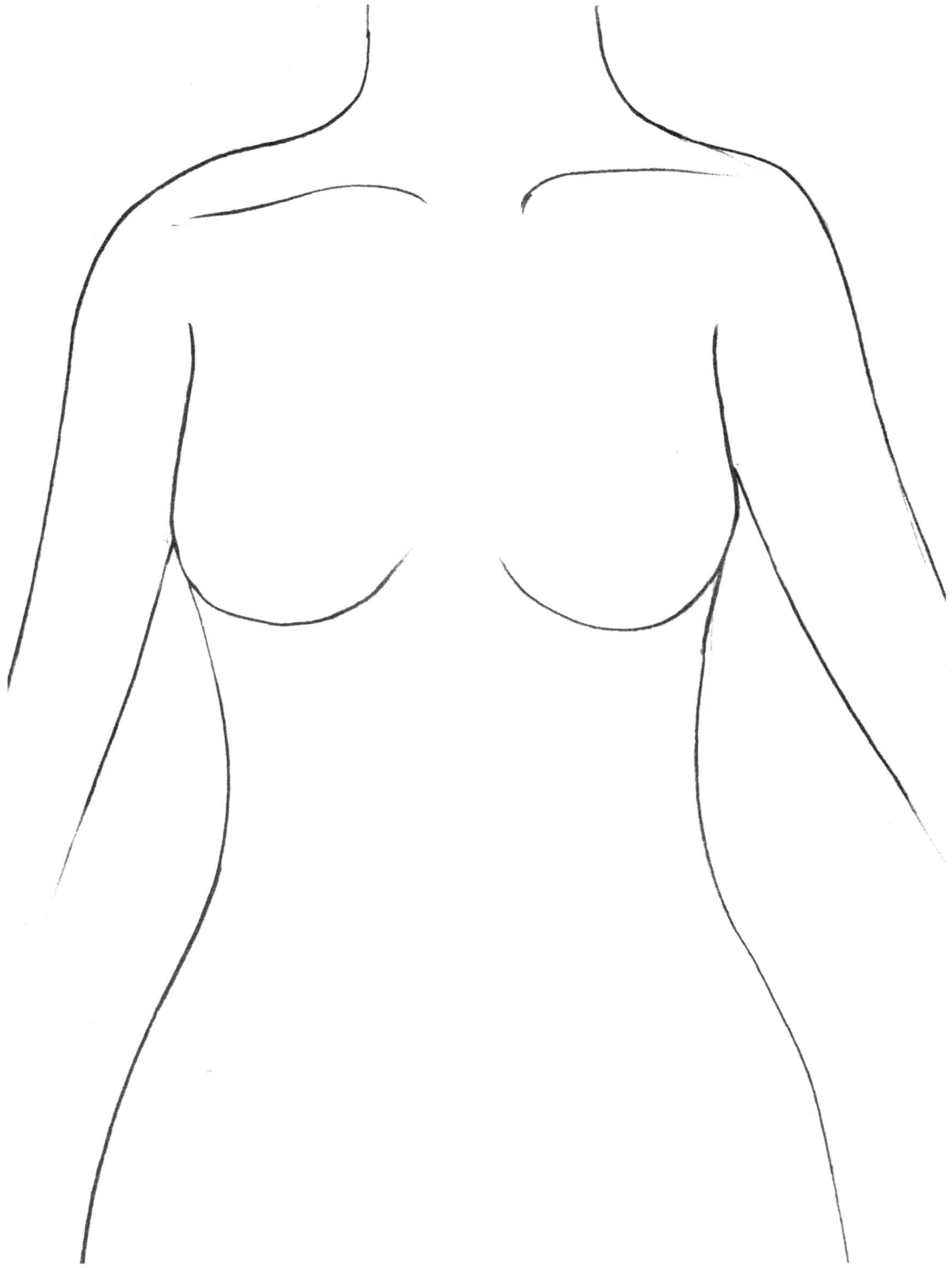

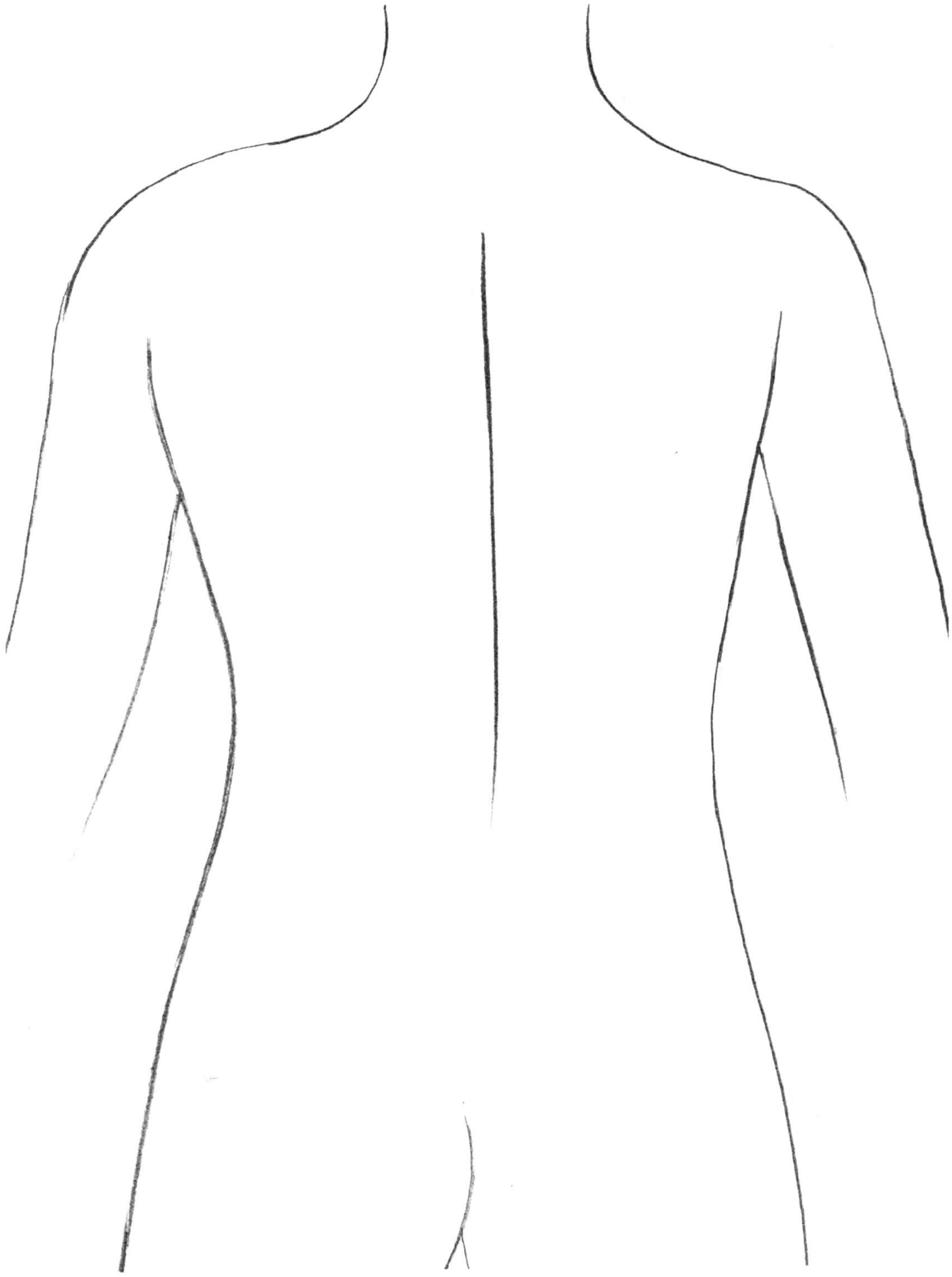

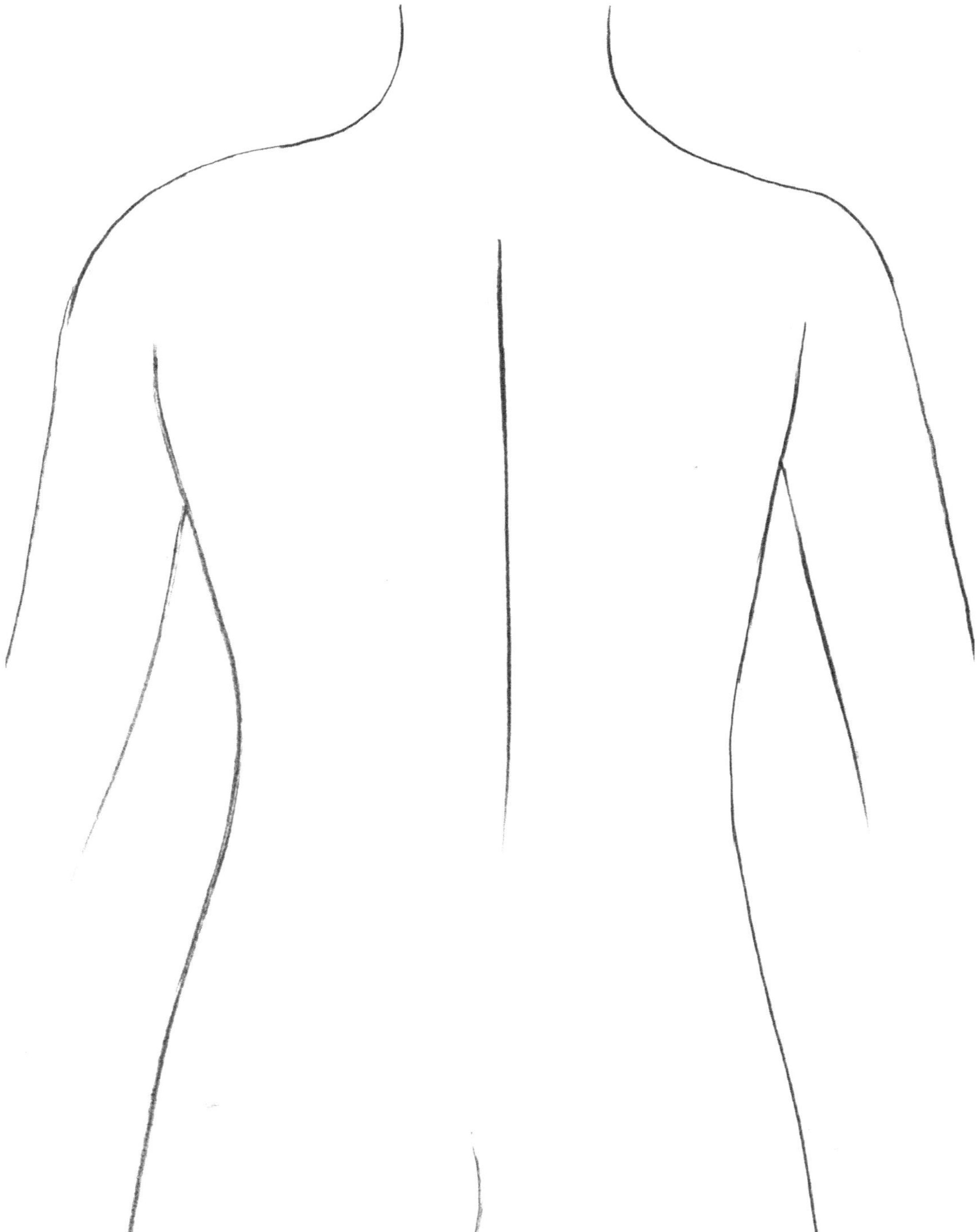

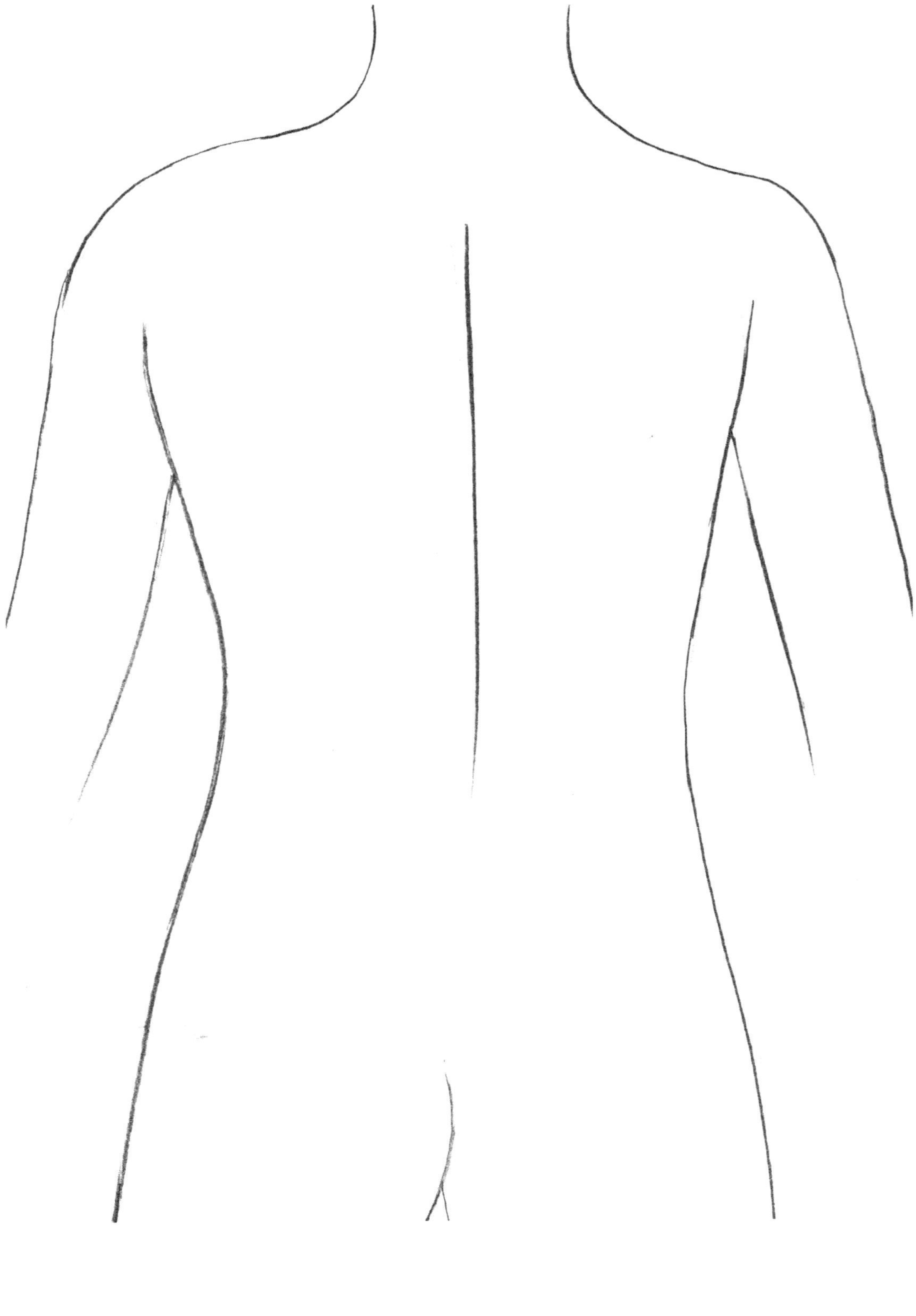

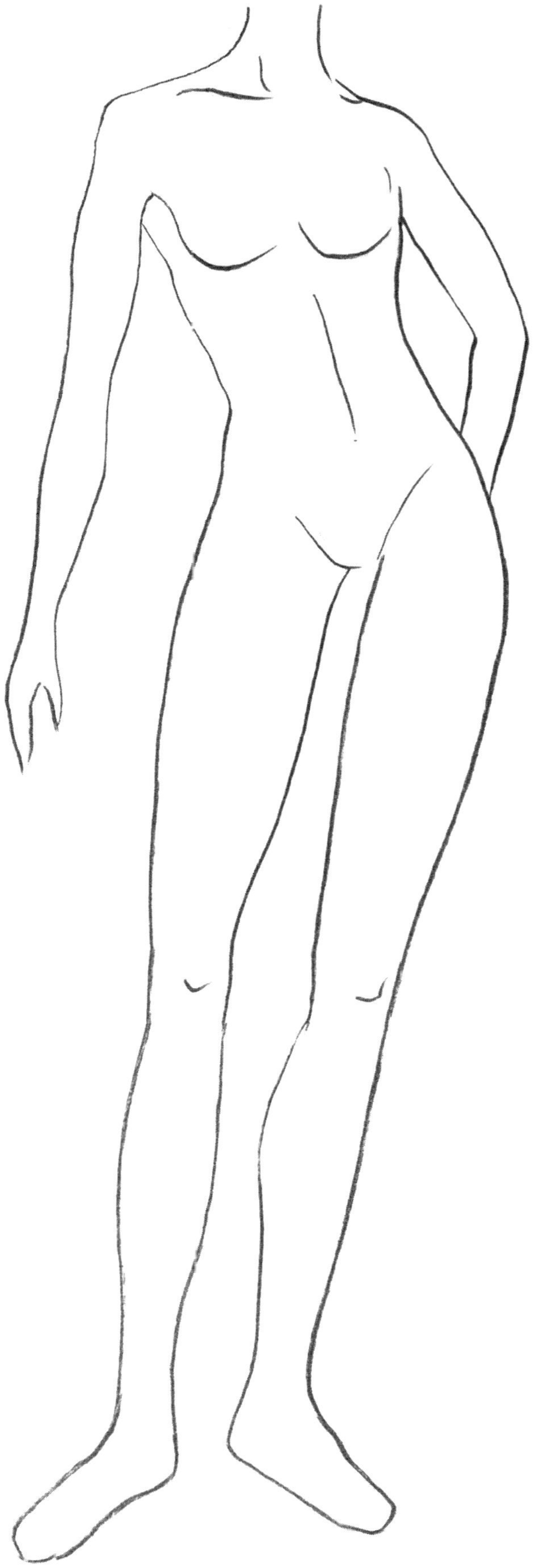

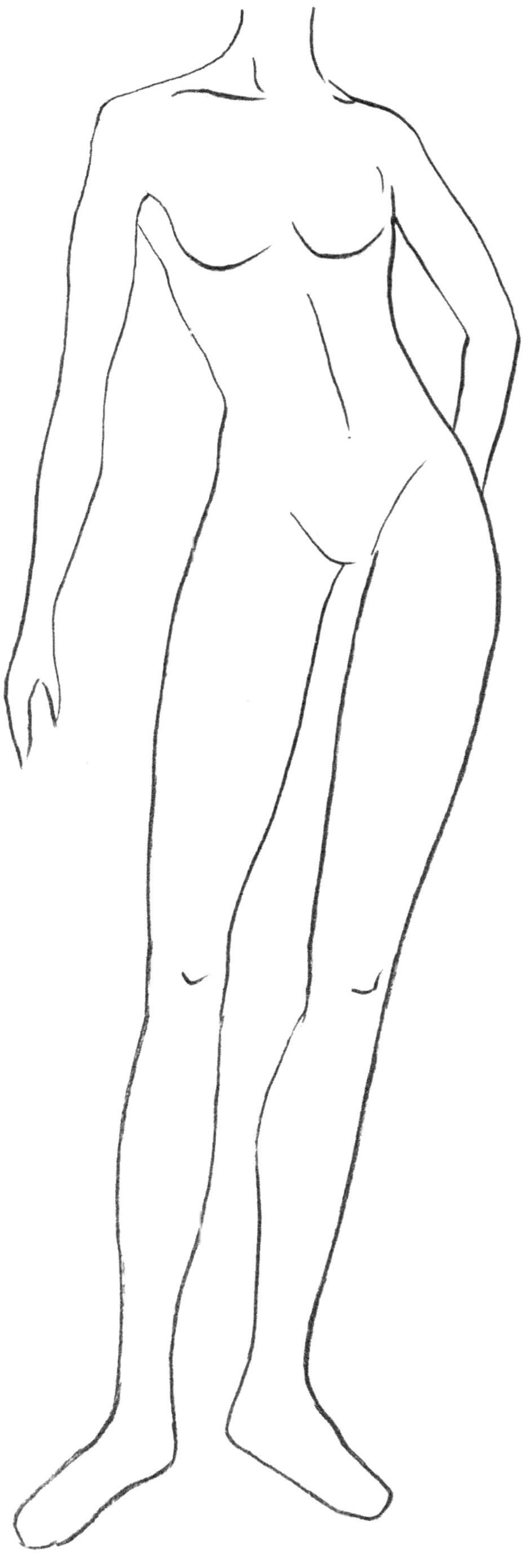

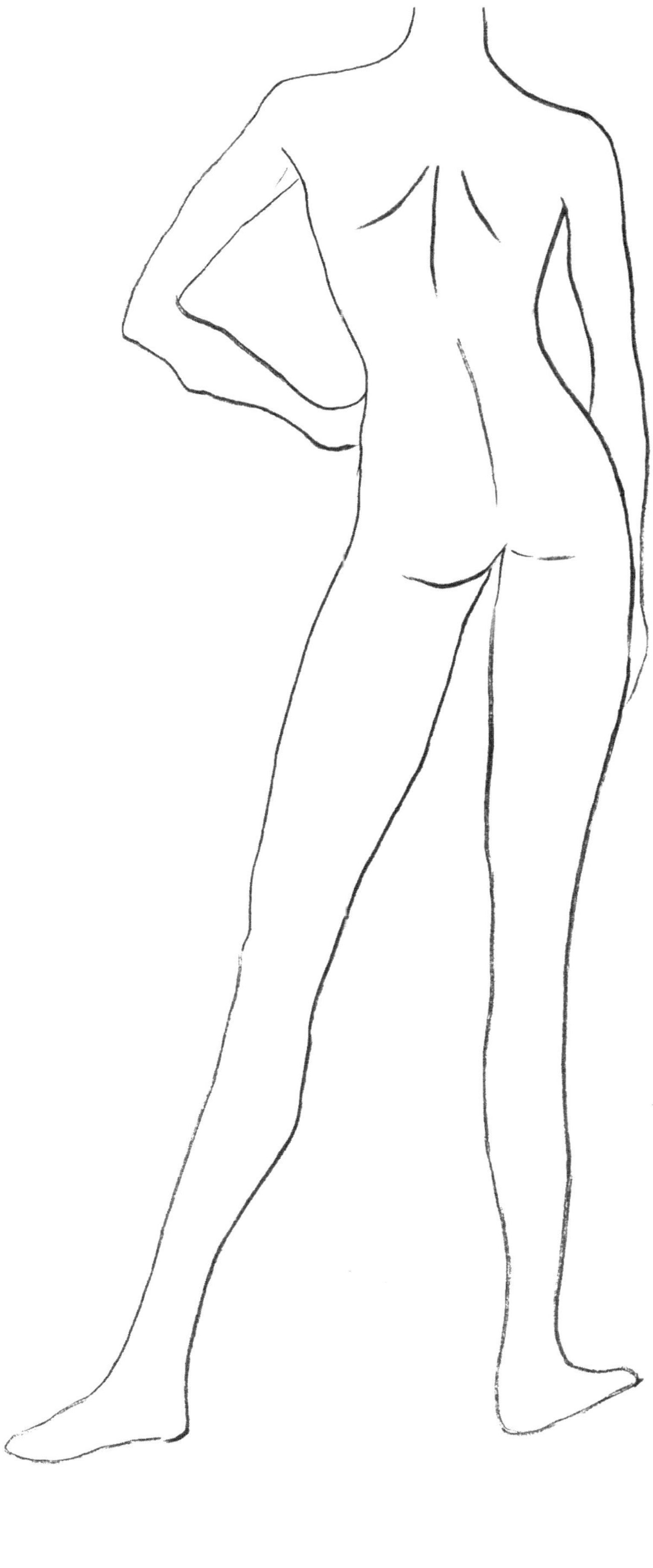

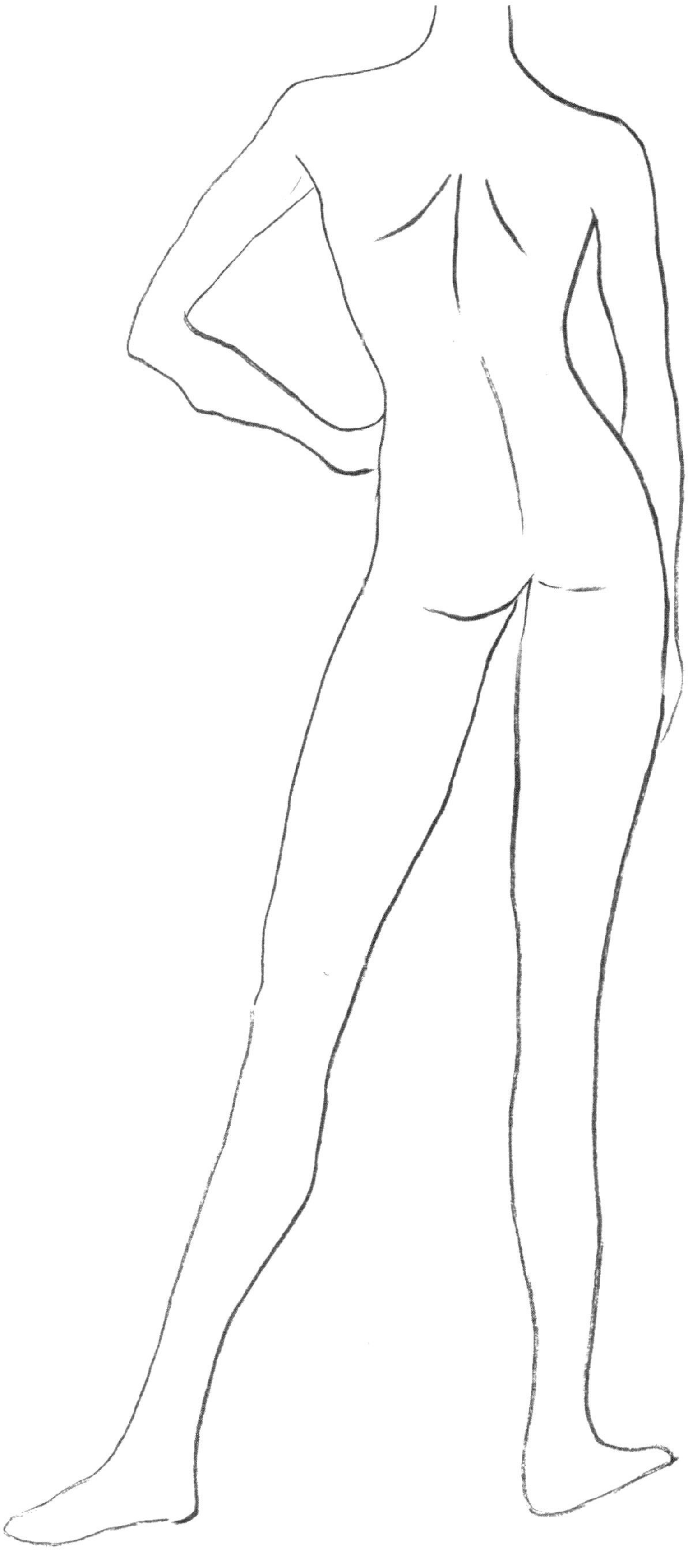

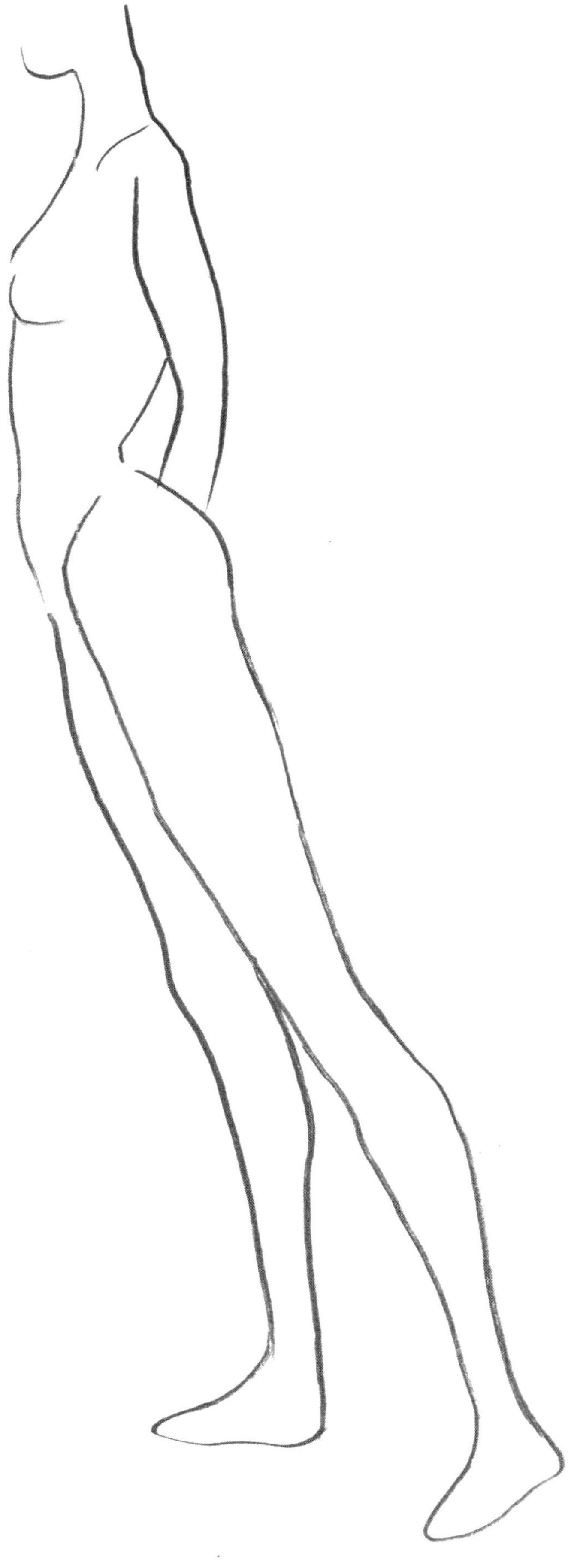

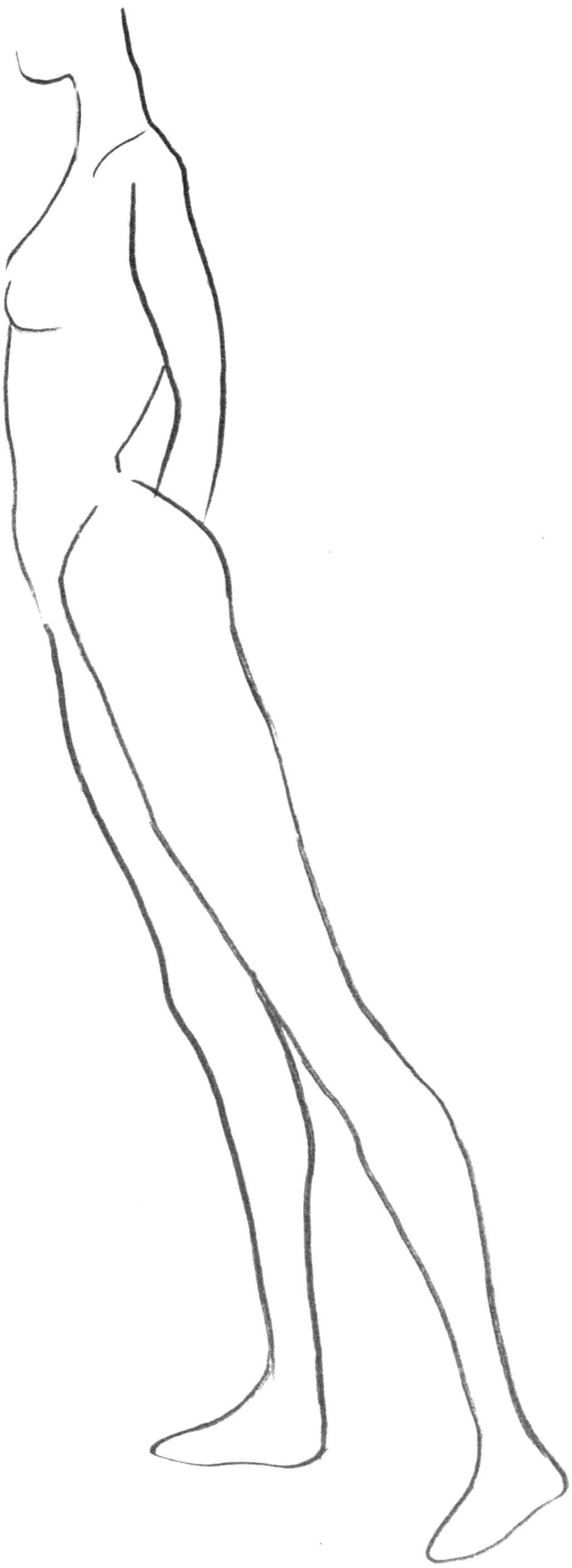

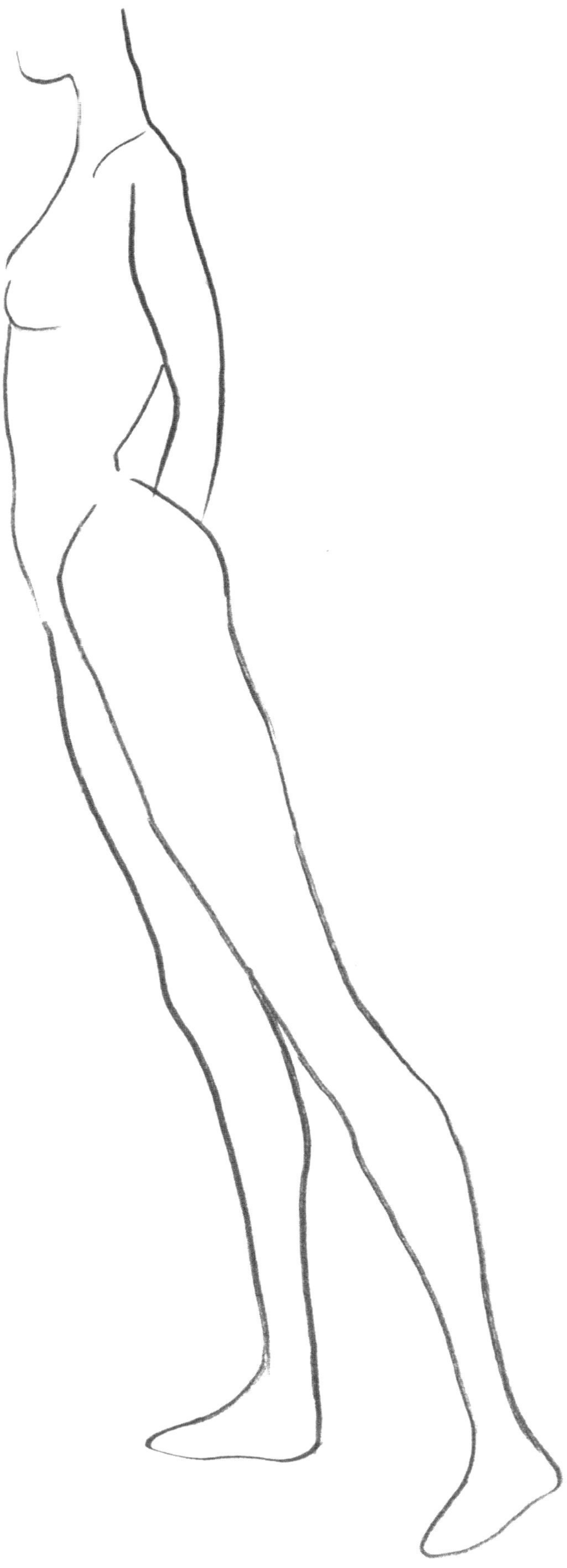